Pardeep Sharma
Vishal Dabra
Neeraj Sharma

Compósitos híbridos de matriz de alumínio (HAMCs)

Pardeep Sharma
Vishal Dabra
Neeraj Sharma

Compósitos híbridos de matriz de alumínio (HAMCs)

ScienciaScripts

Imprint

Any brand names and product names mentioned in this book are subject to trademark, brand or patent protection and are trademarks or registered trademarks of their respective holders. The use of brand names, product names, common names, trade names, product descriptions etc. even without a particular marking in this work is in no way to be construed to mean that such names may be regarded as unrestricted in respect of trademark and brand protection legislation and could thus be used by anyone.

Cover image: www.ingimage.com

This book is a translation from the original published under ISBN 978-620-2-31331-5.

Publisher:
Sciencia Scripts
is a trademark of
Dodo Books Indian Ocean Ltd. and OmniScriptum S.R.L publishing group

120 High Road, East Finchley, London, N2 9ED, United Kingdom
Str. Armeneasca 28/1, office 1, Chisinau MD-2012, Republic of Moldova, Europe
Printed at: see last page
ISBN: 978-620-7-97323-1

Resumo: Neste livro, os compósitos híbridos de matriz de alumínio foram investigados quanto às suas propriedades mecânicas. A matriz metálica utilizada no presente estudo é AA6082 e o reforço é SiC e grafite. O teor de reforço foi variado entre 5 e 15 %. Foram produzidos três compósitos híbridos com um teor de reforço de 5, 10 e 15 %, respetivamente, e as suas propriedades foram comparadas com 0 %, ou seja, AA6082 moldado. Os compósitos de matriz de alumínio foram produzidos com sucesso por fundição por agitação. A partir do teste de tração, a resistência à tração de todos os compósitos híbridos produzidos é superior à do metal fundido (161,5 MPa), tendo o compósito III a maior resistência à tração (187 MPa). A percentagem de alongamento do compósito híbrido produzido diminuiu à medida que o peso combinado do reforço aumentou. Diminuiu de 8,6 para 5,3 quando a fração de peso do reforço foi aumentada de 0 para 15. Tanto a micro-dureza como a macro-dureza do compósito híbrido I, II e III aumentaram em comparação com a micro-dureza e a macro-dureza do metal fundido. O processo de fundição por agitação, o tempo de agitação e a velocidade de agitação, bem como a temperatura de pré-aquecimento das partículas, são os parâmetros mais importantes do processo.

Capítulo 1 Introdução

Os materiais compósitos desempenham um papel importante na engenharia e no fabrico avançado, em resposta às exigências sem precedentes da tecnologia criada pelas indústrias aeroespacial e automóvel, que avançam rapidamente. Estes materiais têm uma gravidade específica baixa, o que torna as suas propriedades de resistência e módulo superiores às de muitos materiais de engenharia tradicionais, como os metais. Em resultado de estudos intensivos sobre a natureza fundamental dos materiais e de uma melhor compreensão da sua relação estrutura-propriedade, tornou-se possível desenvolver novos materiais compósitos com propriedades físicas e mecânicas melhoradas. Estes novos materiais incluem materiais compósitos de elevado desempenho, como os materiais compósitos reforçados. O progresso contínuo levou a que os compósitos fossem utilizados numa gama cada vez mais diversificada de aplicações. A importância dos compósitos como materiais de engenharia é demonstrada pelo facto de, dos mais de 1600 materiais de engenharia atualmente existentes no mercado, mais de 200 serem compósitos [Manocha e Bunsell, 1980]. Os compósitos típicos são materiais de engenharia ou naturais que consistem em dois ou mais componentes com propriedades físicas ou químicas nitidamente diferentes que permanecem separados e distintos a nível macroscópico ou microscópico na estrutura acabada. Os componentes mantêm a sua identidade, ou seja, não se dissolvem ou fundem completamente, apesar de interagirem. Os materiais individuais que constituem os compósitos são designados por constituintes. A maioria dos compósitos é constituída por dois componentes: um ligante ou matriz (polímeros, metais e cerâmicas) e um reforço (fibras, partículas, flocos e cargas). O reforço é geralmente muito mais forte e mais rígido do que a matriz e confere ao compósito as suas boas propriedades. A matriz contém os elementos de reforço num padrão organizado. Uma vez que os reforços são geralmente descontínuos, a matriz também ajuda a transferir a carga para os reforços [Bhargava, 2004].

Os materiais compósitos são classificados de diferentes formas por diferentes autores, mas, no sentido mais simples e geral, podem ser classificados como (i) naturais, (ii) artificiais ou sintéticos. Os compósitos encontrados na natureza são designados por compósitos naturais, por exemplo, a madeira (constituída por fogos de celulose e portadores de lenhina), os corpos humanos ou animais (constituídos por ossos ou tecidos). Os ossos, as conchas e as presas de elefante são também considerados exemplos de compósitos naturais fornecidos pela natureza [Bhargava, 2004]. Os compósitos artificiais ou sintéticos ou reforçados são classificados de duas formas: (i) com base na matriz utilizada e (ii) com base na geometria do reforço. Com base na fase da matriz utilizada, os compósitos multifásicos são divididos em três categorias:

a) Compósitos de matriz polimérica (PMCs).

b) Compósitos de matriz cerâmica (CMCs).

c) Compósitos de matriz metálica (MMCs).

Os MMCs são produzidos através da dispersão de um material de reforço numa matriz metálica. A superfície do reforço pode ser revestida para evitar uma reação química com a matriz. Por exemplo, o carboneto de boro, o óxido de alumínio, o óxido de silício, a grafite e o carbono sob a forma de pó ou de fibras são normalmente utilizados numa matriz de alumínio para produzir compósitos de baixa densidade e elevada resistência. O material da matriz deve ser cuidadosamente selecionado de acordo com as suas propriedades e comportamento em combinação com o reforço. Uma vez que é o principal componente da MMC, a liga da matriz só deve ser selecionada após uma cuidadosa consideração da sua compatibilidade química com o reforço, da sua capacidade de molhar o reforço e das suas próprias propriedades e comportamento de processamento [Lloyd, 1990 Mehrabian]. As melhores propriedades podem ser obtidas num sistema compósito quando os whiskers ou partículas de reforço e a matriz são tão física e quimicamente compatíveis quanto possível. Foram desenvolvidas composições especiais de ligas de matriz em conjunto com revestimentos únicos de bigodes para otimizar o desempenho de certos compósitos metálicos [Huda, 1993, Taya, 1989]. Os investigadores propuseram uma gama de materiais, por exemplo, Al, Ti, Mg, Ni, Cu, Pb, Fe, Ag, Zn, Sn e Si, com base nas suas propriedades de resistência à oxidação e à corrosão [Taya, 1989]. Entre estas, Al, Ti e Mg são as mais utilizadas. As ligas metálicas mais utilizadas têm por base o alumínio e o titânio. Ambos são materiais de baixa densidade e estão comercialmente disponíveis numa vasta gama de composições de ligas. Em certos casos, são também utilizadas outras ligas, que têm as suas próprias vantagens e desvantagens. O magnésio é leve mas reage fortemente com o oxigénio. As superligas à base de níquel e cobalto também são utilizadas, mas alguns dos elementos de liga contidos nas matrizes demonstraram ter efeitos indesejáveis nas fibras de reforço a altas temperaturas (promovendo a oxidação). O alumínio é um dos melhores materiais para a matriz, uma vez que possui uma combinação única de excelentes propriedades mecânicas e eléctricas, boa resistência à corrosão, baixa densidade e elevada tenacidade com alta condutividade [Desischer, 1997]. Além disso, o Al é mais barato do que outros metais leves, como o magnésio (Mg). Outra vantagem da utilização da matriz de Al como MMCs é a resistência à corrosão, que é muito importante para a utilização de compósitos em vários ambientes [Sharma, 2009]. Os compósitos de matriz metálica à base de alumínio (MMCs) oferecem potencial para aplicações estruturais avançadas em que são importantes a elevada resistência específica e o módulo, bem como a boa resistência a altas temperaturas, a elevada temperatura de serviço e as propriedades mecânicas específicas. O reforço aumenta a força, a rigidez e a resistência à temperatura e reduz a densidade dos MMCs. Para atingir estas propriedades, a seleção depende do tipo de reforço, do seu método de fabrico e da compatibilidade química com a matriz, devendo ser tidos em conta os seguintes aspectos ao selecionar o material de reforço. Os reforços são caracterizados pela sua composição química, forma, dimensões e propriedades como no material gradiente, bem como pela sua fração volumétrica e distribuição espacial na matriz [Ahamed, 2009]. Embora a maior melhoria das propriedades (resistência e rigidez) seja conseguida com a introdução do reforço de fibras, as propriedades dos compósitos reforçados com fibras não são isotrópicas. Os MMCs reforçados com partículas têm a vantagem de serem quase isotrópicos e económicos. Outra vantagem dos compósitos MMC reforçados com partículas em relação aos reforçados com fibras é o facto de a maioria das técnicas de processamento existentes poderem ser utilizadas para fabricar e acabar os compósitos, incluindo a laminagem a quente, o forjamento a quente, a extrusão a quente e a maquinagem [Sun,2011, Chawla,2001, Xia,1997]. As partículas cerâmicas têm-se revelado materiais de reforço eficazes para o alumínio e suas ligas, melhorando as suas propriedades mecânicas e outras. Estas cerâmicas são geralmente óxidos, carbonetos e nitretos. São utilizadas devido à sua elevada resistência e rigidez, tanto à temperatura ambiente como a temperaturas elevadas. Os elementos de reforço mais comuns são o B4C, SiC, Al2O3, TiB2, boro e grafite. A utilização de reforço de grafite numa matriz metálica tem o potencial de criar um material com elevada condutividade térmica, excelentes propriedades mecânicas e um comportamento de amortecimento atrativo a temperaturas elevadas [Nixon, 1992]. O óxido de alumínio e outras partículas de óxido, tais como B4C, TiO2, etc., têm sido utilizados como partículas de reforço, uma vez que se verificou que estas partículas aumentam a dureza, a resistência à tração e a resistência ao desgaste dos compósitos de matriz alumínio-metal [Ravichandran, 1992].

Se a matriz de um material compósito for um metal ou uma liga, este é designado por "compósito de matriz metálica" (MMC). A matriz é essencialmente um metal, mas raramente um metal puro. Exceto em casos raros, é geralmente uma liga metálica. O material da matriz difere da matriz não reforçada na medida em que tem maior resistência, um módulo de elasticidade mais elevado, uma temperatura de funcionamento mais elevada, melhor resistência ao desgaste, elevada condutividade eléctrica e térmica, um baixo coeficiente de expansão térmica e elevada resistência às influências ambientais. Estas propriedades podem ser alcançadas através da escolha correta da matriz e do reforço. A principal função da matriz é transferir e distribuir a carga para o reforço. Esta transferência de carga depende da ligação, que depende do tipo de matriz e de reforço, bem como da técnica de fabrico [Suresh, 1993]. Em geral, os MMCs são classificados de acordo com o tipo de reforço utilizado e as propriedades geométricas do mesmo. Normalmente, a classificação principal dos compósitos em termos de grupos de reforço pode ser feita em duas categorias básicas:

a) Materiais compósitos reforçados continuamente, constituídos por fibras ou filamentos contínuos.

b) Materiais compósitos reforçados descontinuamente que contenham fibras curtas, cristais capilares ou partículas.

Os compósitos de matriz metálica, que constituem uma alternativa aos materiais convencionais, oferecem as propriedades mecânicas específicas necessárias para aplicações a temperaturas elevadas e à temperatura ambiente. As vantagens destes materiais em termos de desempenho incluem as suas propriedades mecânicas, físicas e térmicas adaptadas, dada a sua baixa densidade, o elevado módulo específico, a elevada resistência, a elevada condutividade térmica, o bom comportamento à fadiga, a expansão térmica controlada, a elevada resistência à abrasão e ao desgaste, etc. Algumas das aplicações típicas das MMC incluem a sua utilização no fabrico de estruturas de satélites, foguetões e helicópteros, vigas estruturais, pistões, mangas e jantes, estruturas de alta temperatura, veios de transmissão, rotores de travões, bielas, revestimentos de blocos de motor, vários tipos de aplicações aeroespaciais e automóveis, etc. As propriedades mecânicas superiores das MMCs são a razão da sua utilização. No entanto, uma caraterística importante das MMCs que têm em comum com outros materiais compósitos é a sua elevada resistência. Isto pode ser conseguido através de uma escolha adequada de materiais de matriz, reforços e orientações de reforço, sendo também possível adaptar as propriedades de um componente aos requisitos de um projeto específico. O desempenho destes materiais, que determina as suas propriedades físicas e mecânicas, depende da natureza dos dois componentes (composição química, estrutura cristalina e, no caso do reforço, forma e tamanho), da fração de volume/peso do reforço utilizado e da tecnologia de fabrico. Em geral, os compósitos de matriz metálica utilizam simultaneamente as propriedades da matriz (baixo peso, boa condutividade térmica, ductilidade) e do reforço, geralmente cerâmico (elevada rigidez, elevada resistência ao desgaste, baixo coeficiente de expansão térmica). A caraterização do material pode ser efectuada comparando o componente de base metálica em termos de valores elevados de resistência específica, rigidez, resistência ao desgaste, resistência à fadiga e resistência à fluência, bem como resistência à corrosão em determinados ambientes agressivos. Os diferentes tipos de MMCs têm propriedades diferentes. Os factores que influenciam as suas propriedades incluem

a) Propriedades, forma e disposição geométrica do reforço.

b) Propriedades da matriz, incluindo os efeitos da porosidade.

c) Proporção volume/peso do reforço.

d) Tensões residuais resultantes do historial térmico e mecânico do material compósito.

e) Degradação do reforço devido a reacções químicas a altas temperaturas e danos mecânicos causados pelo processamento, impactos, etc.

Em comparação com os metais monolíticos, PMCs e CNCs, os MMCs têm vantagens:

a) Maior relação entre a resistência e a densidade e entre a rigidez e a densidade.

b) Melhor resistência à fadiga e menor taxa de fluência.

c) Melhores propriedades a temperaturas elevadas.

d) Menor coeficiente de expansão térmica.

e) Melhor resistência ao desgaste e à radiação.

f) Temperatura mais elevada com resistência ao fogo.

g) Maior rigidez e resistência transversal.

h) Não absorve a humidade e não liberta gases.

i) Maior condutividade eléctrica e térmica.

j) Processabilidade de MMCs reforçados com partículas e whiskers em máquinas metalúrgicas convencionais.

Algumas das desvantagens dos MMCs em comparação com os metais monolíticos, PMCs e CMCs são

a) Custos mais elevados para alguns sistemas de materiais.

b) Tecnologia relativamente imatura.

c) Processos de fabrico complexos para sistemas reforçados com fibras (exceto fundição).

d) Experiência limitada no sector dos serviços.

Os materiais compósitos híbridos podem conter fibras de dois ou mais tipos, por exemplo, carbono e vidro, vidro e aramida, $Al2O3$ e SiC, $Al2O3$ e $B4C$, $Al2O3$ e C e outros. As propriedades dos materiais compósitos híbridos são superiores às dos compósitos com apenas um reforço devido à interação de diferentes materiais de reforço, especialmente o efeito híbrido destes materiais de reforço, por exemplo, baixo coeficiente de expansão térmica, melhor resistência ao desgaste, elevada resistência, elevada dureza e baixo custo. Uma aplicação promissora destes materiais está associada à chamada estrutura termoestável, que não altera as suas dimensões quando aquecida ou arrefecida. Em alguns materiais compósitos, por exemplo, com fibras de vidro ou de boro, o coeficiente de expansão térmica na direção longitudinal é positivo, enquanto noutros materiais, por exemplo, com fibras de carbono, é negativo. A combinação adequada de fibras com coeficientes positivos e negativos pode resultar num material com expansão térmica nula. A gama de aplicações dos materiais compósitos é muito vasta. Os materiais compósitos são utilizados em várias áreas, por exemplo, na engenharia eléctrica, eletrónica, construção, transporte rodoviário, ferroviário, marítimo e por cabo, aeroespacial, desporto e lazer.

Se estiverem presentes pelo menos três materiais, este é referido como um material compósito híbrido. O Al/SiC/Gr- MMHC é um dos mais importantes materiais compósitos híbridos entre os MMCs que contêm SiC e partículas de grafite (Gr) na matriz de alumínio. O SiC é muito duro e as partículas de grafite garantem uma elevada resistência ao desgaste no material compósito híbrido.

As partículas cerâmicas, como o SiC, são normalmente utilizadas como segundo material de reforço em compósitos híbridos MMC para aumentar a dureza, a força, a resistência ao desgaste e o módulo de elasticidade e para reduzir o coeficiente de expansão térmica para aplicações de deslizamento por contacto, por exemplo, discos de travão.

O compósito de matriz metálica híbrida, como o Al/SiC/Gr MMC, é um dos materiais compósitos que possui muitas propriedades únicas em comparação com o Al/TiB_2, Al/B_4C e Al/Gr MMC. A dureza e a resistência à tração dos compósitos Al/SiC/Gr aumentam com o aumento do teor de SiC como segundo reforço.

Processamento de MMCs

Dependendo da temperatura da matriz metálica durante o processamento, a produção de MMCs pode ser dividida em três categorias:

a)   Processos na fase líquida,

b)   processos de estado sólido, e

c)   Processos de duas fases (sólido-líquido)

Técnicas de metal líquido

Na produção de compósitos de matriz metálica no estado líquido, uma fase dispersa é introduzida numa matriz metálica fundida e depois solidificada. Para obter um elevado grau de propriedades mecânicas do material compósito, deve ser conseguida uma boa ligação interfacial (molhagem) entre a fase dispersa e a matriz líquida. Uma melhoria na molhagem pode ser conseguida através do revestimento da fase dispersa p (fibras). Um revestimento adequado não só reduz a energia interfacial, como também evita interações químicas entre a fase dispersa e a matriz. O método mais simples e económico para produzir cristais líquidos é o stir casting.

Os métodos de produção de compósitos de matriz metálica no estado líquido são os seguintes:

- Fundição por agitação
- Infiltração
- Infiltração de pressão de gás
- Infiltração de fundição por compressão
- Infiltração de carimbos de impressão
- Processos de separação

Fundição por agitação

A agitação mecânica é utilizada na fundição por agitação para a produção de compósitos no estado líquido, em que uma fase dispersa (partículas cerâmicas, fibras curtas) é misturada com uma matriz metálica fundida. A fundição por agitação é o método mais simples e mais económico para a produção de compósitos no estado líquido. Devido a todas estas vantagens, o processo de fundição por agitação é utilizado no presente trabalho de investigação para o desenvolvimento de compósitos híbridos. Os processos convencionais de conformação de metais para compósitos líquidos são utilizados para a fundição.

Vários factores são tidos em conta na produção de materiais compósitos com uma matriz metálica

utilizando o processo de fundição por agitação:

- Manutenção de uma distribuição homogénea do material reforçado.

- Capacidade de humidade do tecido.

- Porosidade dos materiais compósitos

- Reação química entre o material de reforço e a liga da matriz.

Para obter as propriedades uniformes do compósito de matriz metálica, a distribuição do material de reforço na liga da matriz deve ser mantida e a ligação entre estes materiais deve ser optimizada. A porosidade deve ser reduzida e as reacções químicas entre os materiais de reforço e a liga da matriz devem ser controladas. A Figura 1 mostra o diagrama de blocos básico do processo de fundição por agitação [Singla, 2009].

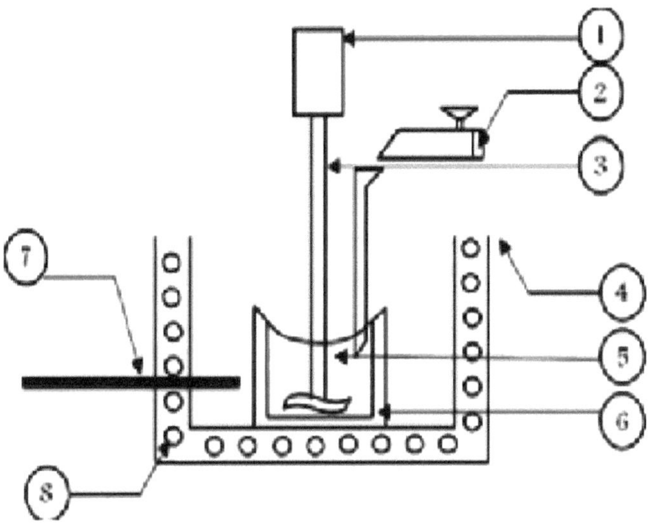

1. Motor

2. Shaft

3. Molten aluminum

4. Thermocouple

5. Particle injection chamber

6. Insulation hard board

7. Furnace

8. Graphite crucible

Figura 1 Diagrama esquemático do forno

Capítulo 2 Literatura:

Tee et al (1999) investigaram um material compósito à base de Al reforçado por partículas de TiB2 in situ e sintetizado com êxito por fundição por agitação. O material compósito com um tamanho de partícula de 1-3 mm foi produzido através da otimização das variáveis do processo. Obteve-se uma melhoria da resistência à tração de até 61%, da resistência ao escoamento de 58% e do módulo de 23%, dependendo da fração volumétrica de TiB2 incorporada no Al. A modificação da matriz de Al pela adição de cobre melhorou as propriedades mecânicas por um fator de pelo menos 2,5. As fractografias mostraram uma superfície de fratura entalhada, indicando a retenção de uma ductilidade relativamente elevada, apesar da presença de TiAl3 grosseiro associado ao sistema Al-Ti-B. A presença de uma interface Al-TiB2 limpa atesta as vantagens resultantes da maquinação in situ. *Yilmaz e Buytoz (2001)* investigaram os efeitos da fração volumétrica, do tamanho das partículas de reforço (Al2O3) e os efeitos da porosidade nos compósitos na resistência à abrasão de compósitos de matriz metálica de ligas de Al fundidas. Verificaram que a taxa de desgaste diminuía rapidamente com o aumento da fração volumétrica de Al2O3. Além disso, a taxa de desgaste diminuiu com o aumento do tamanho do Al2O3 nos compósitos contendo a mesma quantidade de Al2O3. A grafite e o cobre foram também adicionados à matriz em quantidades variáveis para investigar os seus efeitos na resistência ao desgaste. Finalmente, verificou-se que a taxa de desgaste do material compósito diminuiu com a adição de grafite. *Hashim et al (2002)* investigaram que, para uma boa distribuição das partículas de reforço num compósito de matriz metálica moldada (MMC), a ação de agitação deve ser suficientemente eficiente para distribuir as partículas de forma homogénea. Na prática comum, a agitação tem lugar num recipiente fechado ou cadinho onde a eficiência não é visível, pelo que são necessários métodos de simulação para apoiar a investigação experimental. Para esta investigação, foi utilizada uma análise de elementos finitos com um pacote especializado de dinâmica de fluidos computacional para simular o fluxo e, por conseguinte, a dispersão do material de reforço numa liga de matriz fundida durante a agitação. O objetivo era investigar as condições ideais de agitação para obter padrões de fluxo eficazes para dispersar as partículas sólidas na massa fundida sem quebrar a camada superficial da massa fundida. A simulação mostrou que os parâmetros de agitação, tais como a velocidade de agitação e a posição do agitador no cadinho, têm uma influência considerável no comportamento do fluxo do líquido. Estes parâmetros interagem entre si, com diferentes combinações que criam condições adequadas para misturar a mistura. O modelo foi validado através de uma experiência de visualização, indicando que, apesar de algumas limitações decorrentes da simplificação da situação física, o modelo é uma ferramenta útil para determinar os parâmetros do processo na produção de MMCs. *Sahin (2003)* investigou a produção e algumas propriedades de partículas de SiC reforçadas em compósitos de ligas de alumínio. Os compósitos AA2014/SiC produzidos por metalurgia líquida mostraram um aumento da densidade, porosidade e dureza com o aumento do teor de SiC. *Aldas et al. (2004)* investigaram experimental e teoricamente a distribuição de partículas em compósitos de matriz metálica particulada. A liga de Pb-20%-Sn reforçada com SiC foi agitada mecanicamente e vertida num molde cilíndrico sob pressão de gás inerte. A distribuição das partículas no molde foi determinada em vários pontos por seccionamento e técnicas de exame microscópico. Os autores verificaram que o teor de partículas diminuía ao longo do eixo do molde. As áreas próximas da parede limite foram identificadas como possíveis áreas de acumulação. *Balasivanandha et al (2005)* investigaram a influência da velocidade de agitação e do tempo de agitação na distribuição de partículas num compósito de matriz metálica moldado. Neste trabalho, foi sintetizado com êxito um material compósito constituído por uma liga de alumínio com elevado teor de silício e uma matriz metálica de carboneto de silício com 10 % de SiC, utilizando diferentes velocidades e tempos de agitação. Foram utilizados um microscópio ótico e um microscópio eletrónico de varrimento para analisar a microestrutura dos compósitos produzidos. O ensaio de dureza Brinell foi efectuado nas amostras de compósito desde a base do molde até à ponta. Os resultados mostraram que a velocidade de agitação e o tempo de agitação afectam a microestrutura e a dureza do compósito. A análise da microestrutura mostrou que as partículas estavam mais agrupadas com uma velocidade de agitação mais baixa e um tempo de agitação mais curto. A distribuição das partículas era melhor com velocidades de agitação e tempos de agitação mais elevados. Os resultados do teste de dureza também mostraram que a velocidade de agitação e o tempo de agitação têm influência na dureza do compósito. Os valores de dureza uniformes foram alcançados com uma velocidade de agitação de 600 rpm e um tempo de agitação de 10 minutos. No entanto, as propriedades deterioraram-se novamente acima de uma determinada velocidade de agitação. *Aigbidion e Hassan (2007)* investigaram os efeitos do reforço de carboneto de silício na microestrutura e nas propriedades de compósitos de partículas fundidas de Al-Si-Fe/SiC. Os compósitos AA/SiC produzidos por fundição por agitação mostraram uma diminuição do alongamento percentual e da densidade com um aumento simultâneo da resistência à tração, da dureza e da porosidade. *Hassan et al (2007)* investigaram os efeitos da adição de grafite e/ou partículas de carboneto de silício na dureza e rugosidade da superfície de uma liga de Al-4 wt% Mg. Verificou uma diminuição da dureza com o aumento do peso por cento de grafite (Gr), o que se deve a um aumento da porosidade nos compósitos AA/Gr. *Akhlaghi e Bidaki (2009)* investigaram o efeito do teor de grafite no comportamento de desgaste por deslizamento a seco e deslizamento impregnado de óleo de compósitos Al2024-Gr produzidos pelo método de metalurgia do pó in-situ. Os autores referiram que a resistência à fratura e a dureza dos compósitos diminuíam com o aumento do teor de GR nos compósitos Al2024/Gr preparados por metalurgia do pó in situ. *Suresha e Sridhara (2010)* investigaram o comportamento de desgaste por deslizamento a seco de compósitos de matriz de Al reforçados com partículas de grafite (Gr) e (SiC) até 10%. Investigaram o efeito da percentagem de reforço, carga, velocidade de deslizamento e distância de deslizamento em compósitos híbridos Al-SiC-Gr fundidos por agitação, compósitos Al-Gr e AL-SiC. Os autores chegaram à conclusão de que o desgaste dos compósitos híbridos tende a aumentar a partir de um grau de reforço de 7,5 %. Estes valores mostram claramente que os compósitos híbridos têm melhores propriedades de desgaste. O grau ótimo de reforço para os compósitos Al-Gr foi também de 8,2 %. No caso dos compósitos Al-SiC, no entanto, o desgaste diminuiu continuamente à medida que o grau de reforço aumentou. O desgaste diminui quando a velocidade aumenta e o desgaste aumenta quando a carga ou a distância de deslizamento ou ambas aumentam. Os autores concluíram que a percentagem de reforço, a carga, a velocidade de deslizamento e a distância de deslizamento afectam o desgaste de todos os materiais compósitos. *Hai et al. (2011)* investigaram a microestrutura e as propriedades de tração de compósitos de matriz de alumínio reforçados com partículas de Al2O3 de tamanho nanométrico. A liga de alumínio 2024 foi reforçada com partículas de Al2O3 por fundição mista sólido-líquido em combinação com tratamento ultrassónico. Analisaram que a resistência à tração do compósito (1 wt% nano-Al2O3/2024) foi aumentada em 37% em comparação com o material da matriz. A resistência ao escoamento do material compósito (1 wt.% nano-Al2O3/2024) foi também aumentada em 81% em comparação com o material da matriz. As propriedades de tração melhoradas devem-se à distribuição uniforme do reforço e ao refinamento do grão da matriz de alumínio. *Kumar et al (2011)* investigaram os resultados experimentais das propriedades mecânicas e tribológicas de compósitos Al6061-SiC. Os compósitos Al6061 com teor de SiC de 2-6 wt% foram fabricados utilizando metalurgia líquida (método de fundição por agitação). Os resultados experimentais mostraram que a densidade dos compósitos aumentou com o aumento do teor de SiC. Verificou-se que a dureza dos compósitos Al6061-SiC aumentava com o aumento do teor de SiC na matriz, mas a ductilidade diminuía. A resistência à tração final dos compósitos foi também superior à da matriz de base. A resistência ao desgaste dos compósitos contendo SiC foi superior à do material da matriz. No geral, os autores concluíram que o Al6061-6 wt% SiC tinha melhores propriedades mecânicas e tribológicas em comparação com os compósitos Al6061, Al6061-2 wt% SiC e Al6061-4 wt% SiC. *Sharifi et al. (2011)* investigaram a produção e a caraterização de nanocompósitos Al-B4C. Na sua experiência, misturaram as nanopartículas de B4C com pó de Al puro para produzir pó de Al-B4C. Para o efeito, utilizaram o método de moagem de bolas. O pó de Al-B4C com diferentes teores de B4C (5, 10 e 15 wt%) foi depois prensado a quente para produzir amostras soltas de nanocompósitos. O tamanho médio das partículas do pó de Al era de cerca de 60 p.m. e o tamanho das nanopartículas de B4C situava-se entre 10 e 60 nm. A moagem com bolas foi efectuada a uma velocidade de rotação de 600 rpm e a um rácio de massa de bola para pó de 10:1. As amostras consolidadas foram caracterizadas por ensaios de dureza, compressão e desgaste. A dureza da secção transversal do pó foi determinada utilizando um indentador Vickers com uma carga de 100 g. A difração de raios X (XRD) foi utilizada para acompanhar as alterações estruturais dos pós após a moagem e a prensagem a quente. As propriedades de fricção e de desgaste das amostras foram determinadas utilizando uma máquina de ensaio de desgaste de pino sobre disco. A partir dos testes, verificou-se que a dureza da amostra aumentou em comparação com o Al puro. A amostra com 15 wt% de B4C apresentou as melhores propriedades. Esta amostra tinha um valor de 164 HV, que é significativamente superior a 33 HV para o Al puro. Com o aumento do teor de B4C, a resistência ao desgaste dos nanocompósitos também aumentou. *Kalaiselvan et al. (2011)* trabalharam na produção de compósitos de matriz de alumínio (6061-T6) reforçados com diferentes percentagens de peso de partículas de B4C por fundição por agitação. Foi adicionado um fluxo de K2TiF6 à massa fundida para melhorar a molhabilidade das partículas de B4C na matriz. Foram analisadas a microestrutura e as propriedades mecânicas dos AMCs produzidos. As imagens da microestrutura ótica e do microscópio eletrónico de varrimento (SEM) mostraram a dispersão homogénea das partículas de B4C na matriz. A dispersão do reforço foi também identificada por difração de raios X (XRD). Os autores constataram que, ao aumentar a percentagem em peso de partículas de B4C na matriz de alumínio, as propriedades mecânicas, como a dureza e a resistência à tração, podem ser melhoradas. *Kumar et al. (2012)* investigaram o desgaste mecânico e por deslizamento a seco de compósitos Al6061-SiC. O carboneto de silício (SiC), partículas cerâmicas duras com uma resistência mecânica excecional, é utilizado como reforço no desenvolvimento de AMCs. Os compósitos AA6061/SiC produzidos por metalurgia líquida mostraram um aumento da resistência à tração, da dureza e da densidade, enquanto a ductilidade diminuía com o aumento do teor de SiC. *Uthayakuma et al. (2012)* investigaram o comportamento de desgaste por deslizamento a seco de reforços de alumínio com 5% de compósitos híbridos B4C utilizando um tribómetro pin-on-disc. O desempenho de desgaste dos compósitos híbridos foi avaliado em gamas de carga de 20-100 N a velocidades de deslizamento de 1 a 5 m/s. Foi selecionada uma liga de alumínio 1100 como material de matriz e SiC e B4C como reforço. O tamanho médio das partículas de SiC (5 wt%) foi de 10 ju.m e o de B4C (5 wt%) foi de 65 pm. Os autores utilizaram a técnica Focused Ion Beam (FIB) para caraterizar as tribocamadas que se formaram nas superfícies desgastadas dos compósitos. Os autores concluíram que os compósitos híbridos mantiveram as propriedades de resistência ao desgaste até uma carga de 60 N e uma velocidade de deslizamento de 1-4 m/s. A melhoria da resistência ao desgaste com uma pequena quantidade de SiC e B4C é conseguida pelo efeito cooperativo das partículas de reforço.*Prashant et al. (2012)* estudaram o fabrico e avaliação das propriedades mecânicas e de desgaste do compósito de matriz metálica Al6061 reforçado com partículas de grafite. Ele descreveu que os AMCs AA6061/Gr produzidos por fundição por agitação mostraram uma diminuição da dureza e da densidade com um aumento da resistência à tração e da porosidade com o aumento da fração de peso do reforço. *Kumar e Murugan (2012)* analisaram as propriedades metalúrgicas e mecânicas de compósitos de matriz de alumínio (6061-T6) reforçados com partículas de nitreto de alumínio (AlNp). O compósito de matriz metálica foi produzido pelo processo de fundição por agitação modificado com disposição de vazamento inferior num ambiente de árgon controlado. Para aumentar a molhabilidade das partículas de nitreto de alumínio com a matriz de Al fundido, foi adicionado um adicional de 2% de Mg. O compósito foi produzido com diferentes fracções de peso (0, 5, 10 e 20) de AlNp e as suas propriedades metalúrgicas e mecânicas foram analisadas. Concluíram que, com a adição de AlNp à matriz de Al, as propriedades como a macrodureza, a microdureza, o limite de elasticidade e a resistência final melhoraram, mas a percentagem de alongamento diminuiu. *Baradeswaran e Perumal (2014)* investigaram o desgaste e as propriedades mecânicas de compósitos Al7075/grafite. Verificaram que a resistência à tração e a dureza dos AMCs AA7075/Gr produzidos por fundição líquida diminuíam com o aumento da percentagem em peso do reforço de grafite.

Identificação do estudo atual: A pesquisa na literatura mostrou que muito pouco trabalho foi feito sobre compósitos híbridos de SiC e Gr. Assim, o problema consiste em produzir um compósito híbrido à base de alumínio, utilizando o alumínio 6082 como matriz e (SiC + Gr) como reforço. Para atingir este objetivo, foi criada uma instalação experimental na qual está disponível todo o equipamento necessário. Para este efeito, produzimos três compósitos com diferentes quantidades de reforço combinado: Al 6082 + 5% (SiC + Gr), Al 6082 + 10% (SiC + Gr), Al 6082 + 15% (SiC + Gr)

Existem vários processos de fabrico para a produção de AMCs, mas o processo escolhido é a fundição por agitação, que é económica e simples e pode ser utilizada para a produção em massa, bem como para produtos com formas complexas. O objetivo do presente estudo é

1. Produção de um material compósito híbrido a partir de alumínio 6082 como matriz e (SiC + Gr) como reforço utilizando o processo de fundição por agitação.
2. Análise da microestrutura de compósitos híbridos fundidos.
3. Análise das propriedades mecânicas, como a dureza, a resistência à tração e o alongamento percentual do compósito híbrido moldado.
4. Comparação das propriedades mecânicas do material compósito híbrido fundido com o metal de base alumínio 6082.

Capítulo 3 Materiais e métodos

O equipamento utilizado para efetuar o processo de fundição por agitação e testar os compósitos é apresentado no Quadro 1.

Quadro 1: Lista de equipamento utilizado para a fundição por agitação

Sr.No.	Equipments Used
1	Muffle Furnace
2	Stirrer
3	Power Hacksaw
4	Graphite Crucible
5	Stop Watch
6	Tachometer
7	Argon Gas Cylinder

Os dispositivos utilizados nos ensaios são apresentados nas figuras 3.1 a 3.8.

Forno de mufla: Um forno de mufla era utilizado para aquecer o material até às temperaturas desejadas por condução, convecção ou radiação de corpo negro a partir de elementos de aquecimento por resistência eléctrica. Em termos históricos, uma mufla (por vezes também um forno de retorta) é um forno em que o material a analisar é isolado do combustível e de todos os produtos de combustão, incluindo gases e cinzas volantes. ^{0}Na mufla utilizada para este estudo, pode ser atingida uma temperatura máxima de 1200 C. A estrutura da mufla é mostrada na Figura 2.

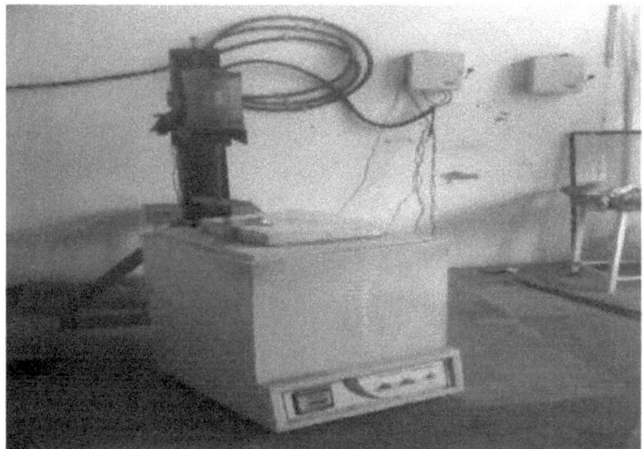

Figura 2: Forno de mufla

Agitador: A função do agitador era agitar os líquidos para acelerar as reacções. O agitador foi desenvolvido para a mistura homogénea de líquidos, soluções, substâncias viscosas e sólidos com líquidos. A Figura 3 mostra um agitador de grafite e a Figura 4 mostra um agitador de grafite com uma haste de aço.

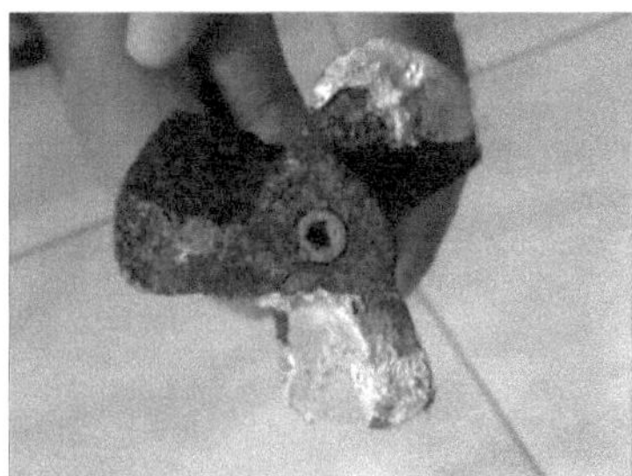

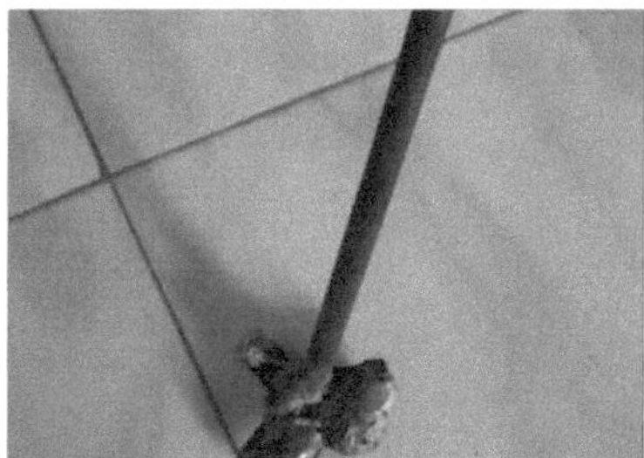

Figura 3:   **Agitador de grafiteFigura 4: Agitador de grafite com haste de aço**

Serrote elétrico: Um serrote (ou serrote elétrico) era um tipo de serrote que era alimentado pelo seu próprio motor elétrico. Uma serra eléctrica é uma serra de dentes finos com uma lâmina ativa numa estrutura, utilizada para cortar materiais como ligas de alumínio em pequenos pedaços para manter a liga num cadinho. A Figura 5 mostra uma serra eléctrica.

Figura 5: Serra eléctrica

Cadinho de grafite: Um cadinho é um recipiente refratário utilizado na produção de metal, vidro e pigmentos, bem como em vários processos laboratoriais modernos, que pode suportar temperaturas suficientemente elevadas para derreter ou alterar o conteúdo. Historicamente, eram normalmente feitos de argila, mas podem ser feitos de qualquer material que tenha uma resistência à temperatura superior à das substâncias a que se destinam. Um cadinho de grafite é apresentado na Figura 6.

Figura 6: Cadinho de grafite

Cronómetro: Um cronómetro é um relógio de mão utilizado para medir o tempo que decorre desde um determinado momento em que a peça é activada até ser desactivada. Nesta investigação, o cronómetro é utilizado para medir o tempo de agitação para misturar os pós de reforço na matriz fundida. Um cronómetro é apresentado na Figura 7.

Figura 7: Cronómetro

Tacómetro: Um instrumento utilizado para medir as rotações por minuto de um eixo rotativo. Neste trabalho de investigação, é utilizado um tacómetro a laser para medir a velocidade do agitador. O tacómetro é apresentado na Figura 8.

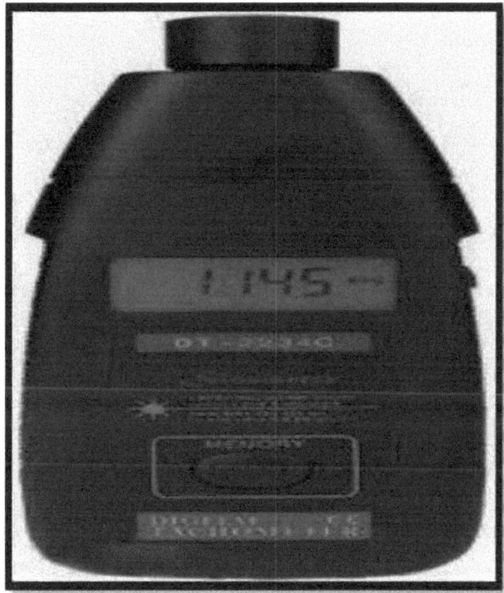

Figura 8: Velocímetro

Garrafa de gás árgon: O árgon é um gás incolor, inodoro e insípido. É conhecido como um gás nobre porque não reage com nenhum metal. Não é inflamável e não favorece a combustão. As propriedades inertes do árgon são utilizadas como gás de proteção em muitas aplicações metalúrgicas para evitar a oxidação. O árgon gasoso é armazenado em cilindros de alta pressão, que estão disponíveis em vários níveis de pressão e capacidades. A Figura 9 mostra uma garrafa de gás árgon.

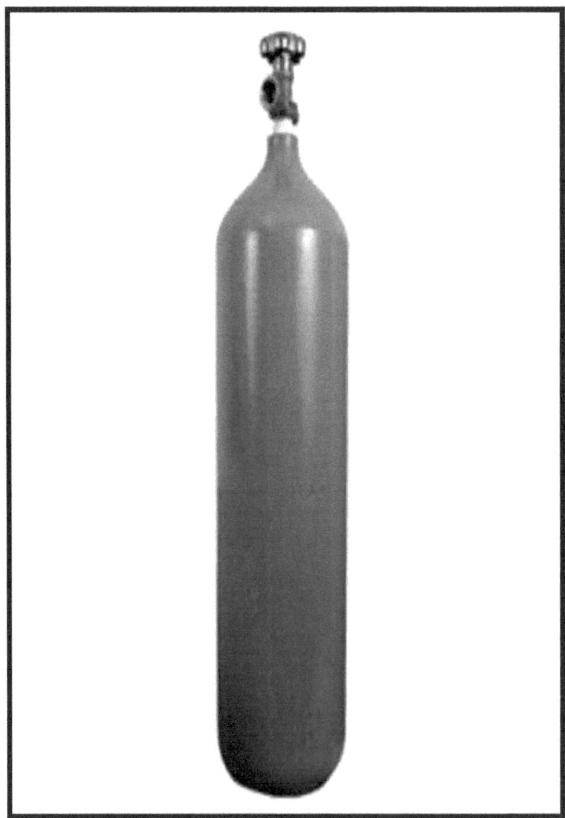

Figura 9: Garrafa de gás árgon

Procedimento experimental

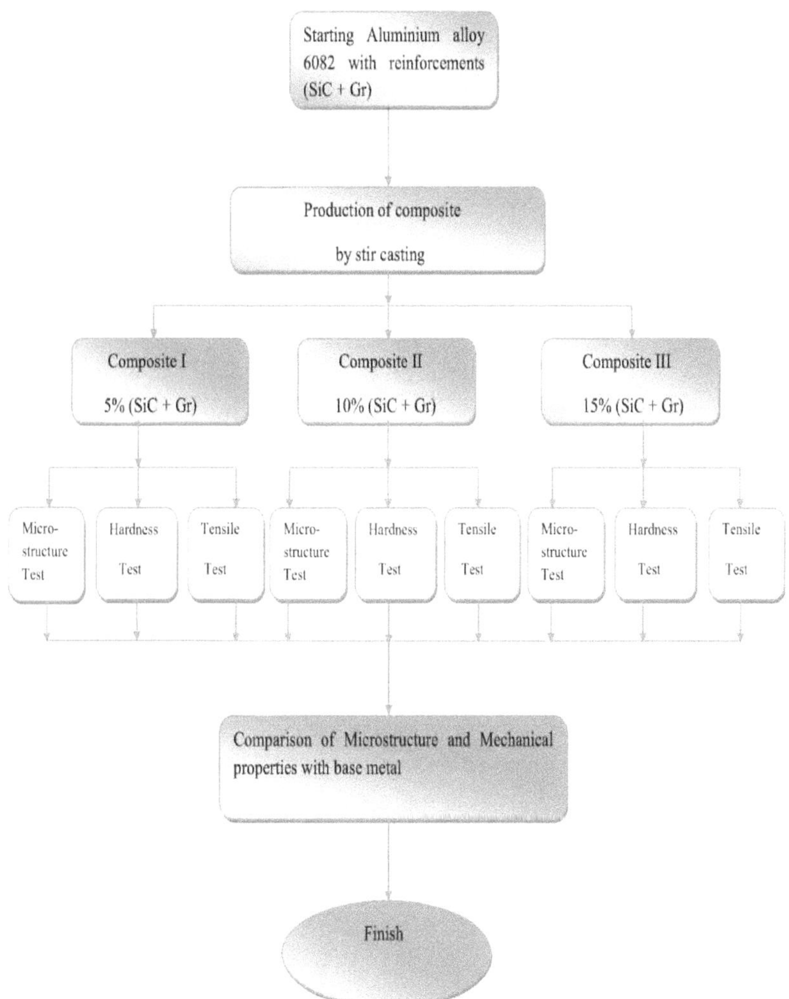

Figura 10: Fluxograma das técnicas de ensaio aplicadas

Preparação das amostras

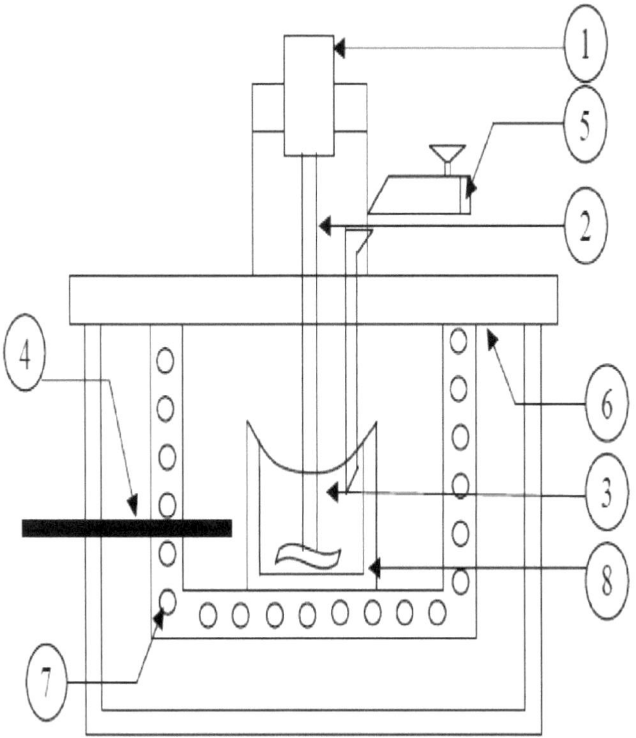

Figura 11: Representação esquemática do processo de fundição por agitação

1. Motor
2. Eixo
3. Alumínio fundido
4. Termopar
5. Câmara de injeção de partículas
6. Isolamento da câmara dura
7. Forno
8. Cadinho de grafite

A representação esquemática do processo de fundição por agitação é mostrada na Figura 11. Uma liga de alumínio purificada (Al6082-T6) com um peso de 1 kg foi colocada no cadinho de grafite do forno de fundição por agitação em mufla. A composição química da matriz da liga Al6082-T6 é apresentada na Tabela 2. °A temperatura do forno de mufla foi regulada para 920 C. O gás árgon foi introduzido no cadinho a um caudal constante de 2 litros/minuto para evitar que a matriz reagisse com o ar ambiente. Um agitador de grafite acoplado a um motor elétrico foi imerso na liga de alumínio fundida e agitado a uma velocidade constante de 400 rpm. A agitação foi efectuada para facilitar a incorporação e a distribuição uniforme do reforço na liga de alumínio fundida. Uma quantidade pré-determinada de partículas (SiC + Gr) pré-aquecidas a 450oC (com um tamanho de 50 ju.m e uma pureza superior a 99,6 %) foi adicionada à matriz fundida utilizando uma câmara de injeção de partículas. As partículas de (SiC + Gr) foram incorporadas na massa fundida durante 300 segundos (5 minutos). A mistura de alumínio fundido e partículas de (SiC + Gr) foi agitada durante 360 segundos (6 minutos) antes de ser vertida num molde permanente com 160 mm de comprimento, 65 mm de largura e 35 mm de profundidade. O molde permanente de ferro fundido é mostrado na Figura 12. Foi adicionado gás árgon até que toda a massa fundida fosse vertida no molde permanente. Os compósitos foram deixados a solidificar no ar atmosférico e retirados do molde após a solidificação. De igual modo, foram produzidos os compósitos [Al6082 + 10% (SiC + Gr) e Al6082 + 15% (SiC + Gr)].

Figura 12: Molde e peça fundida após a fundição

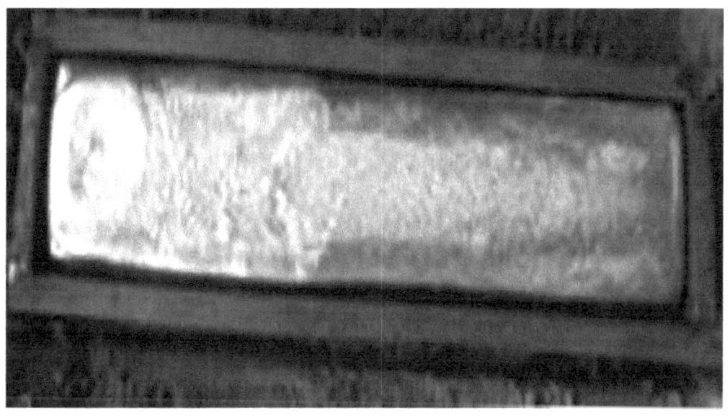

O quadro 2 apresenta a composição química do
Al6082.

Tabela 2: Composição química da matriz da liga Al6082-T6

Sr.No.	Element	Weight percentage
1	Aluminium	97.14
2	Silicon	1.16
3	Magnesium	0.690
4	Copper	0.038
5	Manganese	0.58
6	Nickel	0.04
7	Iron	0.258
8	Zinc	0.027

A composição dos compósitos I, II e III é apresentada na Tabela
3.

Quadro 3: Composição das amostras

Composite No.	Aluminium (in gram)	Silicon carbide (in gram)	Graphite (in gram)	Remarks
I	1000	25	25	[Al6082 + 5% (SiC + Gr)]
II	1000	50	50	[Al6082 + 10% (SiC + Gr)]
III	1000	75	75	[Al6082 + 15% (SiC + Gr)]

Após a preparação do molde, foi utilizado o seguinte procedimento:

1) Foram cortados espécimes com as dimensões desejadas dos compósitos I, II e III para o ensaio da microestrutura, o ensaio de tração e o ensaio de dureza.

2) As dimensões dos espécimes para o ensaio de tração são apresentadas na Figura 13 e na Tabela 4.

Os espécimes de tração dos compósitos I, II e III são apresentados nas Figuras 14, 15 e 16, respetivamente.

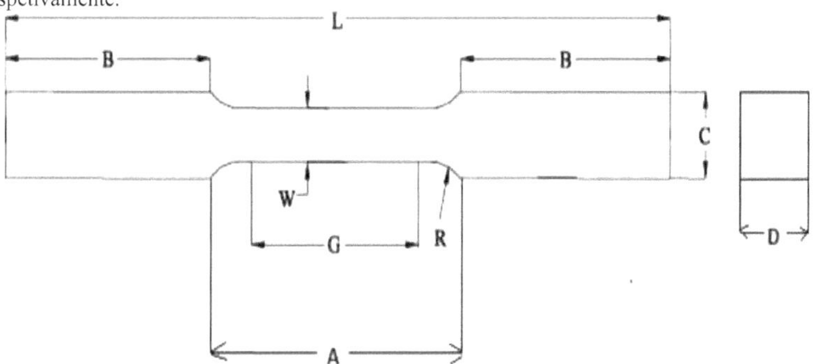

Figura 13: Representação esquemática do provete de tração

Tabela 4: Dimensões das barras de ensaio dos compósitos I, II e III para o ensaio de tração

Gauge Length (G)	25mm
Radius of Fillet (R)	4mm
Overall length (L)	100mm
Length of reduced section (A)	40mm
Length of Grip section (B)	30mm
Width of Grip section (C)	10mm
Thickness of Grip section (D)	6mm

3) Foi utilizado um cubo de 34 mm para o ensaio de dureza e o ensaio de microestrutura dos compósitos I, II e III.

4) A resistência final à tração foi medida numa máquina de ensaios universal.

5) A dureza dos provetes de ensaio foi medida numa máquina de ensaio de dureza.

6) Análise da microestrutura das amostras com um microscópio eletrónico de varrimento

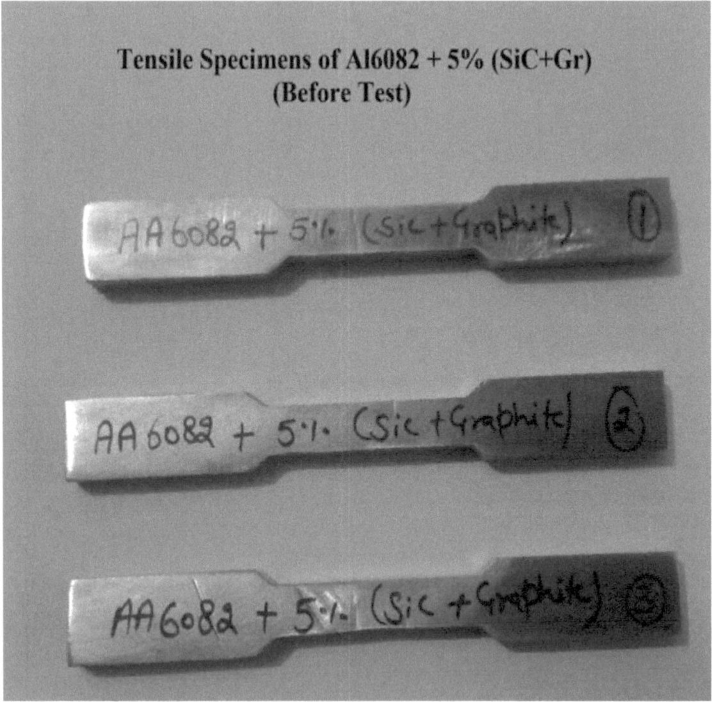

Figura 14: Espécimes de tração de materiais compósitos I

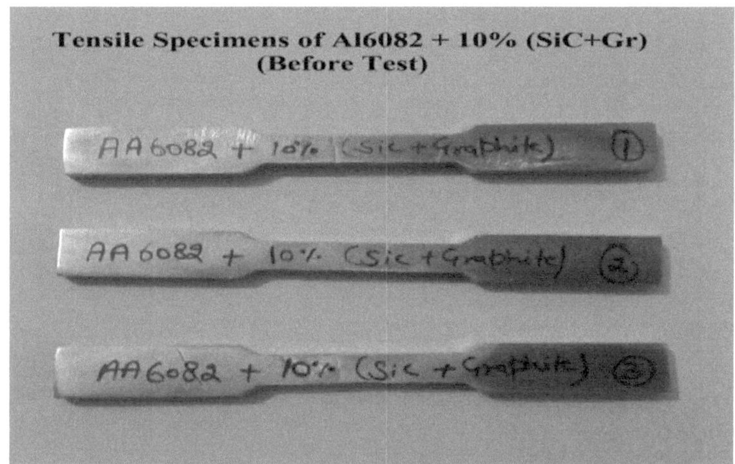

Figura 15: Espécimes de tração de materiais compósitos II

Figura 16: Espécimes de tração de materiais compósitos III

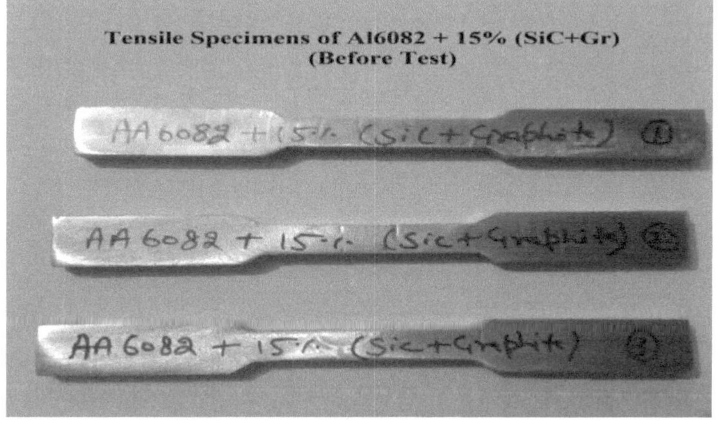

Capítulo 4 Resultados e discussão

As micrografias electrónicas de varrimento do metal fundido A16082 e dos materiais compósitos I, II e III são mostradas nas Figuras 17 e 18 (a-d).

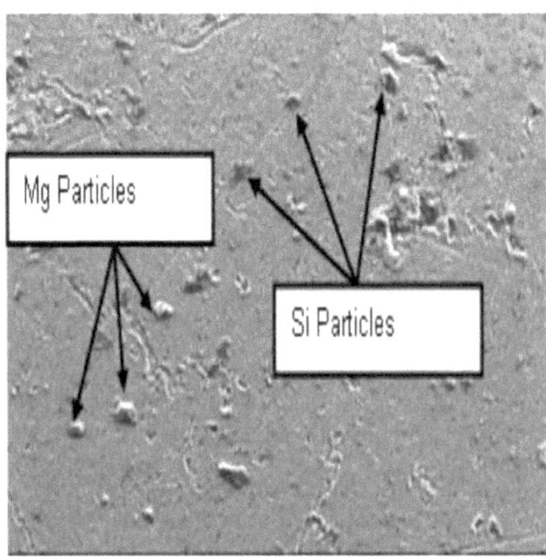

Figura 17: Micrografias electrónicas de varrimento do Al6082 fundido (Sharma et al., 2015)

Figura 18(a): Micrografias electrónicas de varrimento do compósito I (200x)

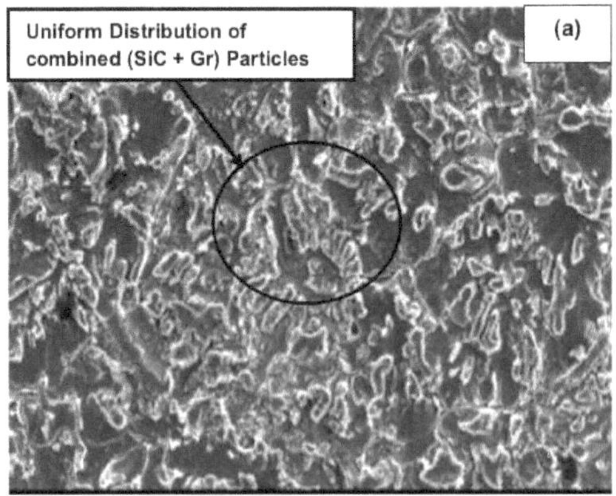

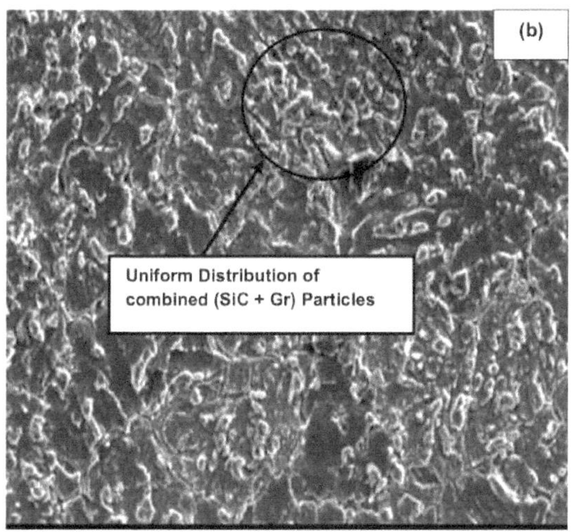

Figura 18(b): Micrografias electrónicas de varrimento do compósito II (200x)

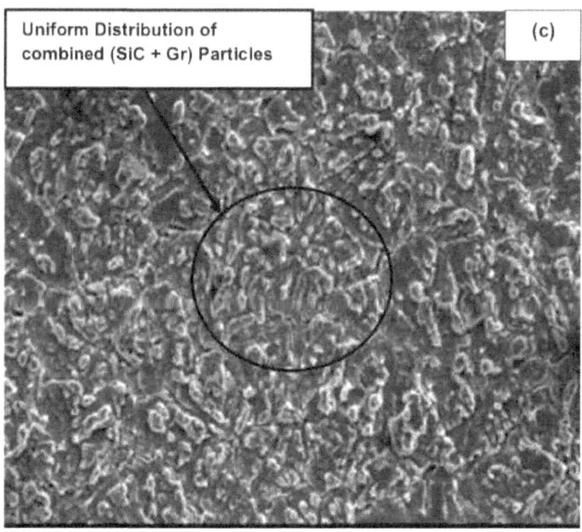

Figura 18(c): Micrografias electrónicas de varrimento do compósito III (200x)

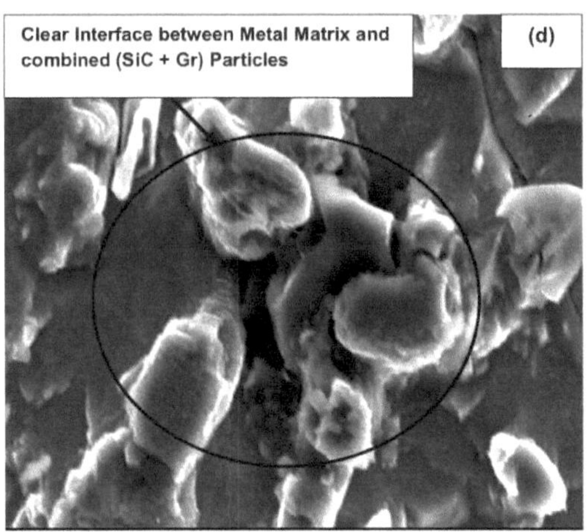

Figura 18(d): Micrografias electrónicas de varrimento do compósito III (1500x)

A figura 17 mostra a micrografia eletrónica de varrimento do metal fundido Al6082. Pode ver-se que a microestrutura tem apenas uma quantidade muito pequena de impurezas e porosidade e é constituída por inclusões insignificantes. Estão presentes na microestrutura partículas de magnésio e de silício, que são os principais componentes do alumínio. A Figura 18 (a-d) mostra as micrografias electrónicas de varrimento do compósito I [Al6082 + 5% (SiC + Gr)], do compósito II [Al6082 + 10% (SiC + Gr)], do compósito III [Al6082 + 15% (SiC + Gr)] e do compósito III [Al6082 + 15% (SiC + Gr)] com uma resolução de 1500. A microestrutura dos compósitos I, II e III consiste em grãos de solução sólida de alumínio com partículas finas e uniformemente distribuídas de Mg2Si. O magnésio e o silício já estão presentes na liga Al6082 como constituintes principais e formam partículas de Mg2Si, que estão presentes em todos os compósitos formados. As imagens SEM dos compósitos híbridos mostram a distribuição homogénea das partículas cerâmicas (SiC + Gr) na matriz de alumínio-metal, como mostra a Figura 18 (c). A distribuição uniforme das partículas de (SiC + Gr) deve-se à boa ligação interfacial das partículas de reforço combinadas (SiC + Gr) com a matriz metálica. A Figura 18 (d) mostra as imagens SEM dos compósitos híbridos, que revelam uma interface clara entre a matriz metálica e as partículas de reforço combinadas (SiC + Gr).

A Figura 18 (a-d) mostra que as partículas (SiC + Gr) estão uniformemente dispersas na matriz de alumínio em todas as percentagens de peso. Isto pode dever-se ao facto de a densidade da matriz e do material de reforço ser a mesma, pelo que as partículas não flutuam nem assentam na mistura. O tamanho das partículas de (SiC + Gr) parece ser uniforme em toda a matriz de alumínio. Este facto pode ser atribuído ao efeito de agitação eficaz. Observa-se também que a porosidade é menor. A partir das micrografias electrónicas de varrimento, é evidente que existe uma boa ligação entre a matriz e as partículas de reforço, resultando numa melhor transferência de carga da matriz para o material de reforço. A microestrutura de todos os compósitos também mostra que a dureza aumenta em comparação com o metal fundido, o que se deve ao aumento da ligação interfacial do reforço com a liga da matriz de alumínio e à presença de partículas duras como o carboneto de silício e a grafite. O aquecimento das partículas de reforço antes de as inserir na matriz assegura uma boa ligação interfacial.

A resistência máxima à tração do Al6082 fundido foi de 161,5 (Sharma et al., 2015). O comportamento mecânico dos compósitos I, II e III é previsto pelos ensaios de tração. Os provetes para o ensaio de tração foram preparados no torno por profissionais treinados. Foram preparadas três amostras de ensaio de tração de cada material compósito (Compósito I, Compósito II e Compósito III) e foi realizado um ensaio de tração em cada amostra. Isto significa que cada resultado é uma média de três medições.

Os espécimes dos compósitos I, II e III após o ensaio de tração são apresentados nas Figuras 19, 20 e 21.

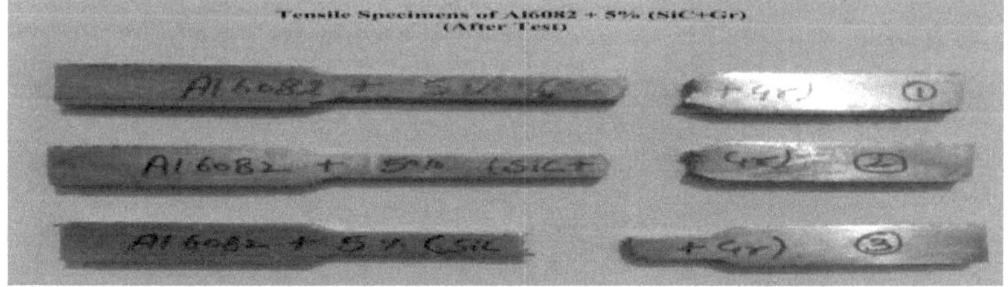

Figura 19: Espécimes de tração partidos do material compósito I

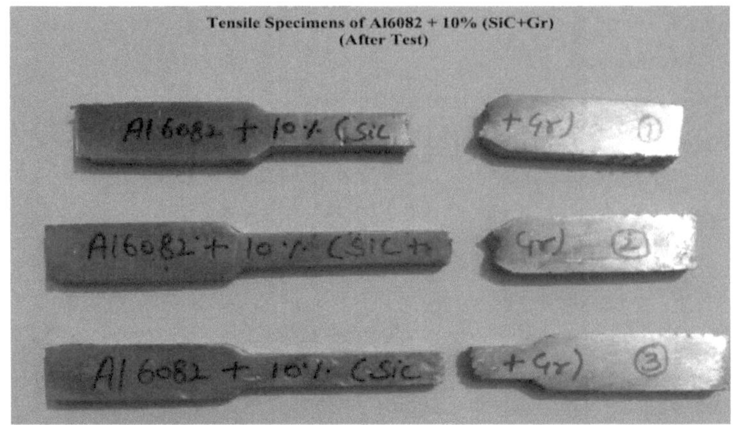

Figura 20: Espécimes de tração partidos do compósito II
Figura 21: Espécimes de tração partidos do compósito III

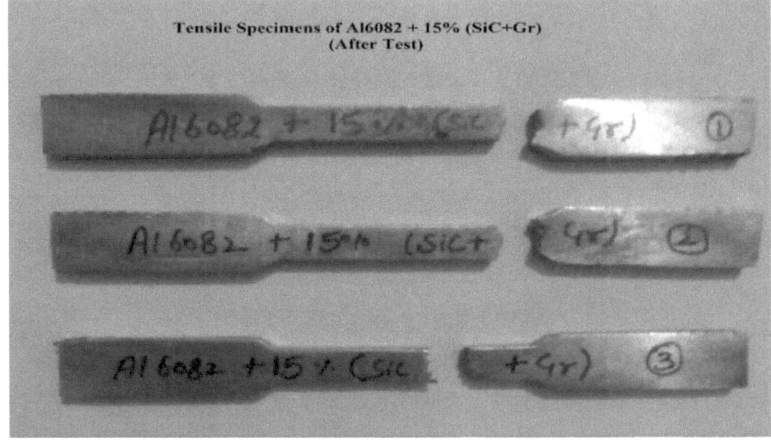

Os ensaios de tração foram realizados à temperatura ambiente. Os resultados das experiências efectuadas nos compósitos I, II e III em termos de resistência à tração são apresentados na Tabela 5. Pode ver-se na tabela que a resistência à tração (resistência à tração curta e resistência à rutura) dos compósitos aumenta continuamente com o aumento do teor (SiC + Gr). Com um teor de SiC + Gr de 15 wt.%, a resistência à tração do material compósito aumenta em cerca de 15,7 % em comparação com o metal fundido.

Tabela 5: Resultados do ensaio de tração dos compósitos I, II e III

Composite	Tensile Specimen	Composition	Ultimate Tensile Strength (MPa)	Average Tensile Strength (MPa)
I	1	Al6082 + 5% (SiC + Gr)	175	
	2	Al6082 + 5% (SiC + Gr)	176	176
	3	Al6082 + 5% (SiC + Gr)	177	
II	1	Al6082 + 10% (SiC + Gr)	182	
	2	Al6082 + 10% (SiC + Gr)	183	183
	3	Al6082 + 10% (SiC + Gr)	184	
III	1	Al6082 + 15% (SiC + Gr)	186	
	2	Al6082 + 15% (SiC + Gr)	187	187
	3	Al6082 + 15% (SiC + Gr)	188	

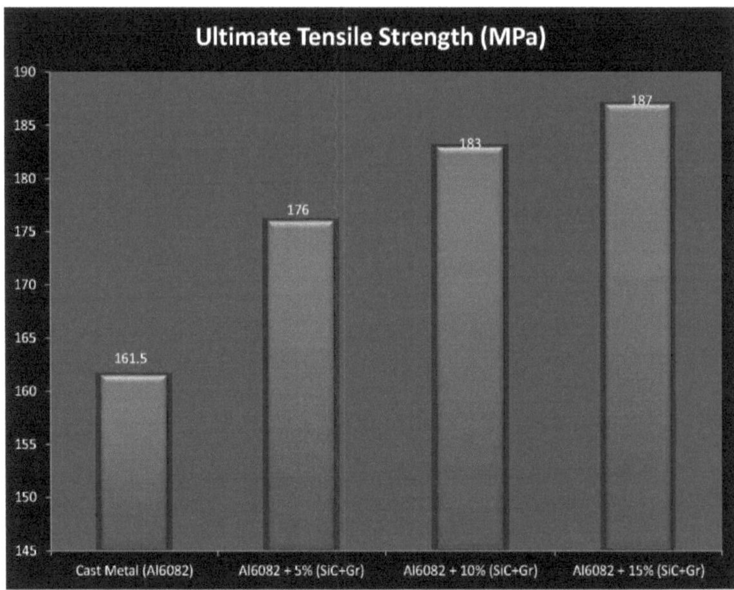

Figure 22:   Comparação da resistência à tração dos compósitos I, II e III com o metal fundido Al6082

A Figura 22 mostra a comparação da resistência à tração dos compósitos com o metal fundido Al6082. A estrutura e as propriedades do material de reforço afectam as propriedades mecânicas do compósito, o que se deve à forte interface que distribui e transfere a carga da matriz para o reforço e tem um módulo de elasticidade e resistência mais elevados.

É geralmente conhecido que os compósitos de matriz alumínio-metal têm maior resistência à tração e à fadiga e um melhor módulo de elasticidade em comparação com as ligas monolíticas. Verificou-se que a resistência dos compósitos de alumínio reforçados com partículas de cerâmica aumenta com a diminuição do tamanho das partículas de reforço e com o aumento da fração volumétrica da fase cerâmica no compósito, mas a ductilidade diminui.

O alongamento percentual do Al6082 fundido foi de 8,6 (Sharma et al., 2015). A
Tabela 6 mostra o efeito do teor de carboneto de silício e de grafite na ductilidade do compósito
Al6082 + (SiC + Gr) fundido, que é medida em termos de percentagem de alongamento.

Tabela 6: Alongamento em % dos compósitos I, II e III

Composite	Tensile Specimen	Composition	Gauge Length (mm)	Elongated Length (mm)	Elongation %	Average
I	1	Al6082 + 5% (SiC + Gr)	25	26.55	6.2	6%
I	2	Al6082 + 5% (SiC + Gr)	25	26.47	6	6%
I	3	Al6082 + 5% (SiC + Gr)	25	26.62	5.8	6%
II	1	Al6082 + 10% (SiC + Gr)	25	26.1	5.9	5.8%
II	2	Al6082 + 10% (SiC + Gr)	25	26.12	5.8	5.8%
II	3	Al6082 + 10% (SiC + Gr)	25	26.1	5.7	5.8%
III	1	Al6082 + 15% (SiC + Gr)	25	25.77	5.1	5.3%
III	2	Al6082 + 15% (SiC + Gr)	25	25.72	5.3	5.3%
III	3	Al6082 + 15% (SiC + Gr)	25	25.82	5.5	5.3%

No material compósito I, ao qual é adicionado 5 % (SiC+Gr), o alongamento é de 6 %. Isto
significa que a ductilidade é inferior à do metal fundido Al6082.

Se a percentagem de partículas de reforço for aumentada de 5 para 10, o alongamento também desce para 5,8%. O alongamento é novamente reduzido para 5,3% quando 15 % (SiC+Gr) são adicionados à matriz metálica.

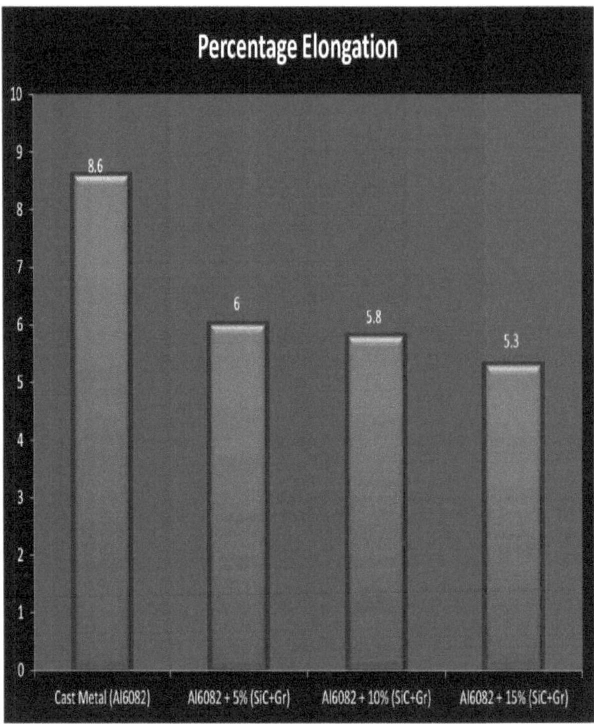

Figure 23: Comparação da percentagem de alongamento dos compósitos I, II e III com o metal fundido Al6082

A Figura 23 mostra a comparação da percentagem de alongamento dos compósitos I, II e III com o metal fundido Al6082. A Figura 26 mostra que a ductilidade do material compósito é sempre inferior à do metal fundido Al6082. A percentagem de alongamento desce para cerca de 62,26 % quando o teor de (SiC + Gr) é aumentado de 0 para 15 %. Esta diminuição da ductilidade deve-se à natureza frágil do material de reforço.

A Tabela 7 mostra o ensaio de dureza Vicker e o ensaio de dureza Brinell do alumínio reforçado com carboneto de silício e grafite. Para o metal fundido Al6082, a dureza Brinell é de 31,6 e a dureza Vicker para o metal fundido é de 49,5 (Sharma el al., 2015). Tanto a dureza Brinell como a dureza Vicker aumentam quando o carboneto de silício e a grafite são adicionados ao Al6082 de 5 a 15 wt%, como mostra a Tabela 7.

Sr.No.	Composition	Vicker's Hardness (VHN)	Brinell's Hardness (BHN)
1	Cast metal Al6082	49.5	31.6
2	Al6082 + 5% (SiC + Gr)	74	42
3	Al6082 + 10% (SiC + Gr)	80	49
4	Al6082 + 15% (SiC + Gr)	85	53

Tabela 7: Resultados do ensaio de dureza dos compósitos I, II e III

O ensaio de dureza Brinell e o ensaio de dureza Vicker foram efectuados em cada amostra do material compósito. Foi avaliada a dureza Brinell do metal fundido Al6082 e dos seus compósitos com 5-15 wt% (SiC + Gr). Cada valor apresentado é uma média de seis medições. Os resultados são repetíveis no sentido de que os resultados individuais não se desviam mais de 5 % do valor médio, e os resultados de dureza são apresentados na Figura 24. Pode ver-se que a dureza dos materiais compósitos é maior do que a do metal fundido Al6082. Os materiais compósitos com um elevado teor de carga têm uma dureza mais elevada. A dureza dos materiais compósitos aumenta à medida que o teor de partículas de reforço aumenta. A dureza Brinell do compósito Al6082 (SiC + Gr) aumenta em 67,72% e a dureza Vicker do compósito Al6082 (SiC + Gr) aumenta em 71,71% quando o conteúdo de (SiC + Gr) aumenta de 0 para 15% em peso. A melhoria

A melhoria da dureza pode ser atribuída ao facto de o carboneto de silício e a grafite terem uma dureza mais elevada e a sua presença na matriz melhorar a dureza dos compósitos.

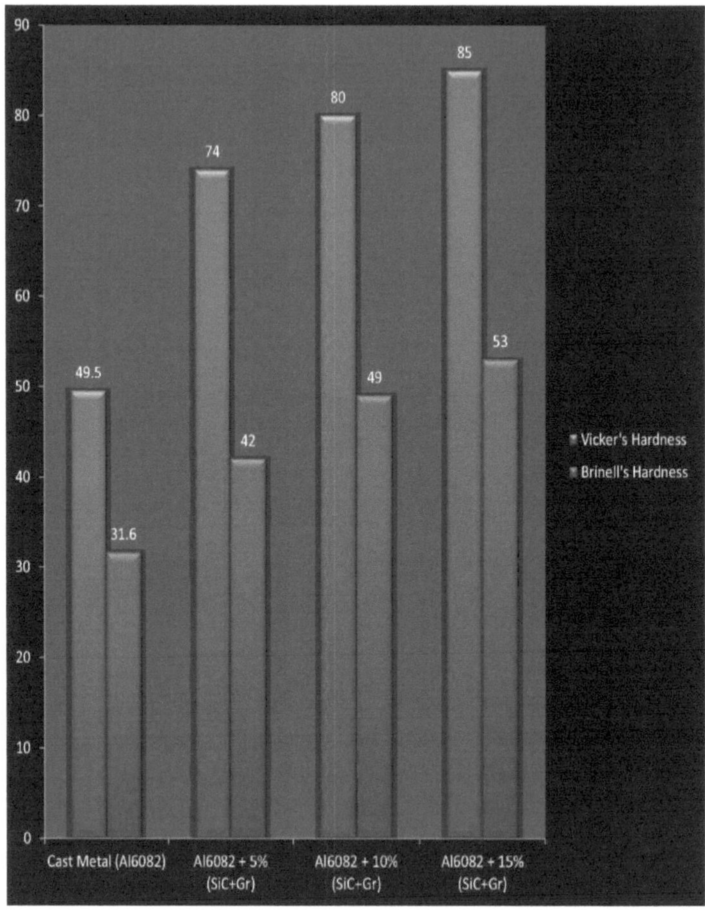

Percentage weight of reinforcement

Figure 24:   Comparação da macrodureza e microdureza dos compósitos I, II e III com Al6082

Capítulo 5 . Conclusão

As conclusões do presente estudo são as seguintes:

* Os compósitos de matriz de alumínio foram produzidos com sucesso utilizando o processo de fundição por agitação.

* O ensaio de tração mostra que a resistência à tração de todos os compósitos híbridos produzidos é superior à do metal fundido (161,5 MPa), tendo o compósito III a maior resistência à tração (187 MPa).

* O alongamento percentual do material compósito híbrido produzido diminuiu à medida que o peso combinado do reforço foi aumentado. Diminuiu de 8,6 para 5,3 quando a percentagem de peso do reforço foi aumentada de 0 para 15.

* Tanto a micro-dureza como a macro-dureza do compósito híbrido I, II e III aumentaram em comparação com a micro-dureza e a macro-dureza do metal fundido.

* O processo de fundição por agitação, o tempo e a velocidade de agitação, a temperatura de pré-aquecimento das partículas são os parâmetros mais importantes do processo.

No entanto, foram alcançados muitos resultados positivos com o trabalho atual, mas este trabalho pode ser alargado no futuro.

* Isto pode ser ainda mais alargado variando a velocidade de agitação, o tempo de agitação e a temperatura de pré-aquecimento das partículas de reforço.

* O tratamento térmico pode ser efectuado para melhorar as propriedades.

* Os resultados podem ser variados, variando o tamanho do reforço.

* Os mesmos compósitos de matriz metálica podem também ser produzidos utilizando outros processos de fabrico, e os resultados podem ser comparados com o processo de fundição por agitação.

REFERÊNCIAS

1. Manocha L.M. e Bunsell A.R. (1980) "Advances in composite materials", *Pergamon press, Oxford*, pp. 7-21.

2. Bhargava A.K. (2004) "Engineering Materials: Polymers, Ceramics and Composites", *PHI Pvt. Ltd, New Delhi*, pp. 225-247.

3. Mehrabian R., Riek R.G. e Flemings M.C. (1974) "Preparation and casting of metalparticulate non-metal composites", *Metallurgical and materials transitions,* Vol.5, pp. 1899-1905.

4. Lloyd D.J. (1990) "Particulate reinforced composites produced by molten mixing, high performance composites for the 1990's, *Eds. S.k. Das, C.P. Ballard e F.Marikar, TMS New Jersey*, pp. 33-46.

5. Taya M. e Arsenault R.J. (1989) "Thermomechanical behaviour of metal matrix composites", Pergamon Press, Oxford.

6. Huda D., El-Baradie M.A. e Hashmi M.J.S. (1993) "Metal matrix composites: materials aspects. Parte II", *Journal of Material Processing Technology,* vol. 37, pp. 528541.

7. Desischer H.P. (1997) "Innovative light metals: metal matrix composites and foamed aluminium", *Materials and Design*, vol. 18, pp. 221-226.

8. Sharma A. e Das S. (2009) "Study of age hardening behaviour of Al-4.5 wt% Cu/Zircon sand composite in different quenching media- a comparative study", *Materials and design,* Vol. 30, pp. 3900-3903.

9. Ahamed A.R., Asokan P. e Aravindan S. (2009) "EDM of hybrid Al-SiCp-B4Cp and Al-SiCp-Glassp MMCs", *International journal of advanced manufacturing technology,* Vol.44 (5-6), pp. 520-528.

10. Xia X. e Mcqueen H.J. (1997) "Deformation behaviour and microstructure of a 20% Al2O3 reinforced 6061 Al composite", *Applied composite materials*, Vol. 4 (5), pp. 333347.

11. Nixon T.D. e Cawley J.D. (1992) 'Oxidation inhibiting mechanisms in coated carbon-carbon composites', *Journal of American Ceramic Society,* Vol.75 (3), pp. 703-708.

12. Ravichandran M.V., Prasad R.K. e Dwarakadasa E.S. (1992) "Fracture toughness evaluation of aluminium 4% Mg-Al2O3 liquid- metallurgy particle composite", *Journal of materials science letters,* Vol. 11 (8), pp. 452-456.

13. Sun C., Song M., Wang Z. e He Y. (2011) "Effect of particle size on the microstructures and mechanical properties of SiC reinforced pure aluminium composites", *Journal of materials engineering and performance,* Vol. 20 (9), pp. 16061612.

14. Chawla N. e Shen Y.L. (2001) "Mechanical behaviour of particle reinforced metal matrix composites", *Advanced engineering Materials,* Vol. 3 (6), pp. 357-367.

15. Singla M., Dwivedi D.D., Singh L. e Chawla V. (2009) "Development of aluminium based silicon carbide particulates metal matrix composite", *Journal of minerals and materials characterization and engineering,* 2009, Vol. 8 (6), pp. 455-467.

16. Kalaiselvan K., Murugan N. e Parameswaran S. (2011) "Production and characterisation of AA6061-B4C stir casting composite", *Materials and design,* Vol.32, pp 4004-4009.

17. Kumar V.G.B., Rao, C.S.P. e Selvaraj N. (2012) "Estudos sobre o desgaste mecânico e de deslizamento a seco de compósitos Al6061-SiC", *Composites: Part B,* Vol. 43, pp 1185-1191.

18. Kumar B.A., e Murugan N. (2012) "Metallurgical and mechanical characterisation of stir cast AA6061-T6-AINp composite", *Materials and Design,* Vol. 40, pp 52-58.

19. Sahin Y. (2003) "Preparação e algumas propriedades de compósitos de liga de alumínio reforçados com partículas de SiC", *Materials and Design,* Vol.24, pp 671-679.

20. Sahin Y. e Acilar M. (2003) "Production and properties of SiCp reinforced aluminium composites", *Composites: Parte A,* Vol.34, pp. 709-718.

21. Aigbodion V.S. e Hassan S.B. (2007) "Effect of silicon carbide reinforcement on microstructure and properties of cast Al-Si-Fe/SiC particulate composites", *Material science and engineering A,* Vol. 447, pp 355-360.

22. Hassan A.M., Tashtoush G.M. e Ahmed AKJ (2007) "Effect of graphite and/or silicon carbide particles addition on the hardness and surface roughness of Al-4 wt % Mg alloy", *J Compos Mater,* Vol. 41, pp 453-465.

23. Akhlaghi F. e Bidaki Z.A. (2009) "Influence of graphite content on dry sliding and oil impregnated sliding wear behaviour of Al2024-Gr composite produced

by in situ powder metallurgy method", *Wear,* Vol. 266, pp 37-45.

24. Baradeswaran A. e Perumal A.E. (2014) "Wear and mechanical characteristics of Al7075/graphite composites", *Composites: Part B,* Vol. 56, pp 472-476.

25. Prashant S.N., Madeva N. e Auradi V. (2012) "Preparação e avaliação das propriedades mecânicas e de desgaste do Al6061 reforçado com compósitos de matriz metálica com partículas de grafite", *Ciência e engenharia metalúrgica e de materiais 2,* Vol.3. pp 85-95.Miracle D.B. (2005) "Compósitos de matriz metálica - Da ciência ao significado tecnológico", *Composites Science and Technology,* Vol.65, pp 2526-2540.

26. Rosso M. (2006) "Ceramic and metal matrix composites routes and properties", *Journal of Materials Processing Technology,* Vol.175, pp 364-375.

27. Rana R.S, Purohit R. e Das S. (2012) "Review of recent studies in Al matrix composites", *International Journal of Scientific and Engineering Research,* Vol.3, pp 704-719.

28. Sharifi M.E., Karimzadeh F. e Enayati M.H. (2011) "Fabrication and evaluation of mechanical and tribological properties of boron carbide reinforced aluminium matrix nanocomposites", *Materials and Design,* Vol.32, pp 3263-3271.

29. Singh H., Sarabjit N. e Tyagi A.K (2011) "An overview of metal matrix composite: processing and SiC based mechanical properties", *JERS,* Vol. II, Issue IV, pp 72-78.

30. Suresha S. e Sridhara B.K (2010) "Effect of addition of graphite particulates on the wear behaviour in aluminium-silicon carbide-graphite composites", *Materials and Design,* Vol.31, pp 1804-1812.

31. Su H., Gao W., Feng Z. e Lu Z. (2012) "Processing, microstructure and tensile properties of nano-sized Al2O3 particle reinforced aluminium matrix composites", *Materials and Design,* Vol.36, pp 590-596.

32. Tee K.L, Lu L., e Lai M.O (1999) "In situ processing of Al-TiB2 composite by stircasting Technique", *Journal of Materials Processing Technology,* Vol.89-90, pp 513519.

33. Uthayakuma M., Aravindan S. e Rajkumar K. (2013) "Wear performance of Al-SiC- B4C hybrid composites under dry sliding conditions", *Materials and Design,* Vol.47, pp 456-464.

34. Yilmaza O. e Buytoz S. (2001) "Abrasive wear of Al2O3 reinforced aluminium based MMCs composites", *Science and Technology,* Vol.61, pp 2381-2391.

35. Sharma P., Sharma S. e Khanduja D. (2015), "Production and some properties of Si3N4 reinforced aluminium alloy composites", *Journal of Asian Ceramic Societies,* Vol. 3, Issue 3, pp. 352-359.

Índice

I want morebooks!

Buy your books fast and straightforward online - at one of world's fastest growing online book stores! Environmentally sound due to Print-on-Demand technologies.

Buy your books online at
www.morebooks.shop

Compre os seus livros mais rápido e diretamente na internet, em uma das livrarias on-line com o maior crescimento no mundo! Produção que protege o meio ambiente através das tecnologias de impressão sob demanda.

Compre os seus livros on-line em
www.morebooks.shop

Printed by Books on Demand GmbH, Norderstedt / Germany